BEI GRIN MACHT SICH IHR WISSEN BEZAHLT

AF156967

- Wir veröffentlichen Ihre Hausarbeit, Bachelor- und Masterarbeit

- Ihr eigenes eBook und Buch - weltweit in allen wichtigen Shops

- Verdienen Sie an jedem Verkauf

Jetzt bei www.GRIN.com hochladen und kostenlos publizieren

Bibliografische Information der Deutschen Nationalbibliothek:

Die Deutsche Bibliothek verzeichnet diese Publikation in der Deutschen National-bibliografie; detaillierte bibliografische Daten sind im Internet über http://dnb.d-nb.de/ abrufbar.

Impressum:

Copyright © 2017 GRIN Verlag
Druck und Bindung: Books on Demand GmbH, Norderstedt Germany
ISBN: 9783668814127

Dieses Buch bei GRIN:

https://www.grin.com/document/444235

Marco Rickenbrock

Fermi-Aufgaben. Eine sinnvolle Ergänzung im Mathematikunterricht der Grundschule?

GRIN Verlag

GRIN - Your knowledge has value

Der GRIN Verlag publiziert seit 1998 wissenschaftliche Arbeiten von Studenten, Hochschullehrern und anderen Akademikern als eBook und gedrucktes Buch. Die Verlagswebsite www.grin.com ist die ideale Plattform zur Veröffentlichung von Hausarbeiten, Abschlussarbeiten, wissenschaftlichen Aufsätzen, Dissertationen und Fachbüchern.

Besuchen Sie uns im Internet:

http://www.grin.com/

http://www.facebook.com/grincom

http://www.twitter.com/grin_com

Fermi-Aufgaben
Eine sinnvolle Ergänzung im Mathematikunterricht der Grundschule?

Name:	*Marco Rickenbrock*
Studiengang:	*MEd G LABG 2009*
Fachsemester:	*1.*
Fachrichtung:	*Mathematik*
Seminar:	*Spezielle Fragen der Mathematikdidaktik: Aufgabenanalysen, Diagnoseprozesse und unterrichtliche Ansätze beim mathematischen Modellieren in der Grundschule und Sekundarstufe I*
Semester:	*SoSe 2017*
Art der Leistung:	*Hausarbeit (10 Seiten)*
Abgabetermin:	21.08.2017

Inhalt

1. Einleitung 1

2. Fermi-Aufgaben 2

3. Kompetenzerwerb durch Fermi-Aufgaben 3

   3.1. Inhaltliche mathematische Kompetenzen 3

   3.2. Modellierungskompetenzen 4

     3.2.1. Soziales Lernen und Modellbildungsprozesse (Peter-Koop, 2012) 4

     3.2.2. Teilkompetenzen des Modellierens (Haberzettl et al., im Druck)............. 5

   3.3. Allgemein-mathematische und nicht-leistungsbezogene Kompetenzen
.... 8

4. Grenzen von Fermi-Aufgaben 9

5. Diskussion der Ergebnisse 10

   5.1. Überwindung von Umsetzungshürden.. 11

6. Fazit 12

Anhang 13

Quellenverzeichnis.. 14

Abbildungsverzeichnis 16

1. Einleitung

Seit mindestens über hundert Jahren wird Kritik am Sachrechnen im Mathematikunterricht geübt. Im Jahre 1889 äußerte Wendt (Zitiert nach Rude, 1911), dass die SuS[1] sich nicht um das „Sach-Mäntelchen" kümmern und die Worte „flüchtig oder gar nicht" lesen (S. 386). Diese Problematik hat sich bis heute nicht fundamental verbessert, da Franke & Ruwisch (2010) anmerken, dass die Kinder diese „Klugheit" bis heute anwenden. In der modernen Fachliteratur wird das Sachrechnen auf mehreren Ebenen bemängelt. Strehl (1997) kritisiert bspw. die Oberflächlichkeit der Aufgaben. Seiner Ansicht nach werden Begriffe, gemeinsame Strukturen und Beziehungen nur unzureichend behandelt (S. 14f.). Schütte (1994) betont die Austauschbarkeit der Sachinhalte in den Textaufgaben und eingekleideten Problemen und daraus folgenden fehlendem Bezug zur Erfahrungswirklichkeit. Es fehlt häufig an authentischen Situationen, mit denen sich die SuS identifizieren können (S. 78ff.). Daraus kann folgen, dass völlig unmögliche Ergebnisse von den SuS bedenkenlos akzeptiert werden (Kaufmann, 2006, S.19). Vor diesem Kontext könnten alternative Aufgabenformen eine zunehmend wichtigere Rolle im Mathematikunterricht einnehmen, um realitätsnahe und lebendige Zugänge der Mathematik zu schaffen und eine Trivialisierung des Sachkontextes zu vermeiden. In den letzten Jahren sind infolgedessen insb. die Fermi-Aufgaben in den Fokus des mathematikdidaktischen Diskurses gerückt. Wird der Begriff „Fermi-Aufgabe" in der Onlinesuchmaschine des Fachportals-Pädagogik (2017) eingegeben, so stammen annähernd alle Beiträge aus den letzten 10 Jahren.

Daher soll diese Hausarbeit der Frage nachgehen, inwiefern Fermi-Aufgaben eine sinnvolle Ergänzung zu konventionellen Aufgaben des Sachrechnens[2] des Mathematikunterrichts in der Grundschule darstellen können.

Die Eingrenzung der Thematik auf den Primarbereich wurde gewählt, da dies den beruflichen Ambitionen des Autors entspricht. Des Weiteren wären die Ergebnisse, die alle Schulstufen umfassen würden, aufgrund der großen Altersspanne kaum generalisierbar.

Um die Forschungsfrage zu beantworten, soll folgendes Ziel erreicht werden: Zunächst wird der Begriff „Fermi-Aufgabe" definiert und die Hintergründe des Aufgaben-

---

[1] SuS: Schülerinnen und Schüler
[2] Unter „konventionellen Aufgaben des Sachrechnens" werden in diesem Zusammenhang die drei traditionellen Aufgabentypen nach Franke (2003) eingekleidete Aufgaben, Textaufgaben und Sachaufgaben verstanden (S. 32ff.).

typs erläutert (Kap. 2.). Anschließend findet eine Literaturrecherche des aktuellen Forschungsstandes statt, die den Kompetenzerwerb in unterschiedlichen Dimensionen mithilfe von Fermi-Aufgaben beleuchten soll (Kap. 3). Um ein differenziertes Bild zu vervollständigen, werden zudem Grenzen der Aufgabenform erläutert (Kap 4.). In Hinblick auf die Fragestellung findet eine Diskussion der Ergebnisse statt (Kap. 5). Mit einem abschließenden Fazit wird die Arbeit abgeschlossen (Kap. 6).

Zunächst werden Charakteristika und Hintergründe des Aufgabentyps erläutert.

2. Fermi-Aufgaben

Namensgeber der Fermi-Aufgaben ist der gleichnamige italienische Kernphysiker Enrico Fermi, der 1901 in Rom geboren wurde und 1954 in Chicago starb (Büchter, Herget, Leuders & Müller, 2011). Er erhielt für seine Forschungen im Bereich der Radioaktivität 1938 einen Nobelpreis für Physik. Berühmt war er darüber hinaus für seine erstaunlich präzisen Abschätzungen (Hinrichs, 2008, S. 147). Von seinen Studierenden verlangte er ähnliche Fähigkeiten. Sie sollten zu jeder Frage eine Antwort finden können. Zu großer Bekanntheit gelang seine Frage *„wie viele Klavierstimmer gibt es in Chicago?"* (Kaufmann, 2006, S.16).

Diese Frage verdeutlicht die Grundcharakteristika der Fermi-Aufgaben. Es liegen keine oder nur sehr wenige numerische Informationen vor. Die fehlenden Angaben können auf unterschiedliche Art und Weise erschlossen werden: Sie können grob geschätzt, recherchiert oder aus dem Alltagswissen ergänzt werden. Aufgrund der uneindeutigen Informationen und mathematischen Angaben ist kein exaktes Ergebnis erforderlich oder nicht möglich (Hinrichs, 2008, S.148). Stattdessen soll mit Hilfe vernünftiger, gut begründeter Annahmen eine ungefähre Angabe ermittelt werden (Kaufmann, 2006, S. 16).

Fermi-Aufgaben zählen zu den sog. Modellierungsaufgaben, d.h., die Kinder lernen mathematische Strukturen in ihrer Umwelt wahrzunehmen und ihre Erkenntnisse auf sie anzuwenden. Sie lernen ein reales Problem zu strukturieren, zu vereinfachen und zu mathematisieren (Maaß, 2009, S.21-24). Auf der anderen Seite hilft das Verständnis eines realen Problems mathematische Zusammenhänge besser zu verstehen (Franke & Ruwisch, 2010). Im Kontrast dazu stehen eingekleidete Fragen und Textaufgaben des Sachrechnens, bei denen keine Modellierungsprozesse stattfinden (Maaß, 2011, S.6). Das Modellieren als mathematische Kompetenz hat in der didaktischen Literatur in den letzten Jahren zunehmend Beachtung gefunden (Franke & Ruwisch, 2010).

Um den Kompetenzerwerb durch Fermi-Aufgaben im Mathematikunterricht der Grundschule näher zu untersuchen, werden im anknüpfendem Kapitel unterschiedliche Kompetenzbereiche und Möglichkeiten des Kompetenzerwerbs analysiert.

3. Kompetenzerwerb durch Fermi-Aufgaben

3.1. Inhaltliche mathematische Kompetenzen

Im Folgenden werden die inhaltlichen Kompetenzen der Bildungsstandards (2004) zusammengefasst und Anwendungsbeispiele der Fermi-Aufgaben dargelegt (S. 9ff.):

1. Zahlen und Operationen: Sachaufgaben mit arithmetischen Inhalt ✓

Mögliche Fragestellung: „Wie viele Supermärkte gibt es in Münster?"

2. Raum & Form: Sachaufgaben mit geometrischen Inhalt ✓

Mögliche Fragestellung: „Wie viele Luftballons passen in unser Klassenzimmer?"

3. Muster & Strukturen: Sachaufgaben zu funktionalen Zusammenhängen ✗

4. Größen & Messen: Sachaufgaben zum situationsadäquaten Umgang mit Größen ✓

Mögliche Fragestellung: „Wie viele Meter Haar wachsen einem Menschen pro Tag?"

5. Daten, Häufigkeiten & Wahrscheinlichkeiten: Sachaufg. mit stochastischen Inhalt. ✓

Mögliche Fragestellung: „Wie wahrscheinlich ist es, dass du und dein bester Freund sich abends gleichzeitig die Zähne putzen?"

Zu vier der fünf inhaltlichen Kompetenzbereichen des Lehrplans konnte in Übereinstimmung mit Haberzettl, Klett & Schukajlow (im Druck) Anwendungsbeispiele gefunden werden. Lediglich der Bereich „Muster & Strukturen" kann nicht mit Hilfe von Fermi-Aufgaben abgedeckt werden.

3.2. Modellierungskompetenzen

3.2.1. Soziales Lernen und Modellbildungsprozesse (Peter-Koop, 2012)

Zentrale Fragestellung eines Forschungsprojekts unter Leitung von Peter-Koop war, inwieweit Kinder bei der Bearbeitung von Fermi-Aufgaben komplexe Modellbildungs-prozesse entwerfen und mathematische Konzepte erkunden. Weiterer Forschungs-gegenstand war der Zusammenhang des sozialen Lernens mit dem Aufbau von Wis-sen während der Bearbeitung von Fermi-Fragen. Theoretischer Hintergrund ist in diesem Kontext der Mathematisierungsprozess einer Sachsituation nach Winter (1994, S.13). Er umfasst drei Teilschritte (Modellbildung, Datenverarbeitung und In-terpretation) und kann folgendermaßen in einem vereinfachten Schema dargestellt werden:

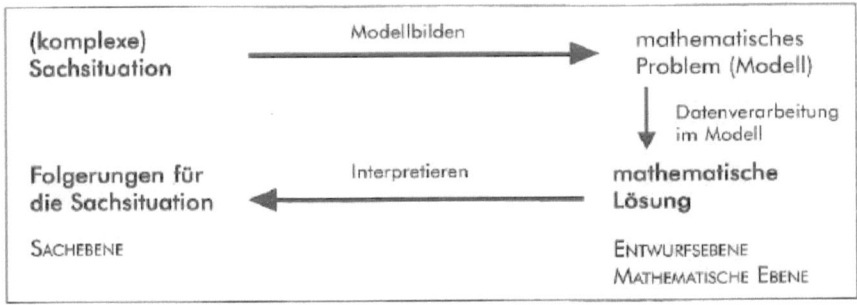

Abbildung 1: Vereinfachtes Schema des mathematischen Modellierens in Anlehnung an Winter (1994, S.13; Abb. In: Peter-Koop, 2012, S. 112)

Ferner beruft sich Peter-Koop auf Erkenntnisse und Standpunkte der Lerntheorie im Bereich des sozialen Lernens. So eignet sich nach Einschätzung Freudenthals (1978) das Fach Mathematik besonders gut für heterogene Lernprozesse, da in der Mathematik ein stufenförmiger Aufbau der Lernprozesse stattfindet (S. 65). Durch die Konfrontation mit anderen Sichtweisen wird neues Wissen getriggert (Trognon, 1993, S.325-345).

Untersuchungsgegenstand war eine vierte Klasse des Primarbereichs. Die Forscher-gruppe wählte eine Brennpunktregion, um möglichst heterogene Lerngruppen schaf-fen zu können. Die Klasse wurde in vier Gruppen mit jeweils vier bis fünf Kindern ge-trennt. Die Kinder nahmen die Einteilung selbst vor. Auf diese Weise entstanden leistungshomogene wie -heterogene Gruppen. Die zu bearbeitende Aufgabe lautete „wie viele Autos stehen in einem 3-km-Stau?".

Eine bedeutungsvolle Erkenntnis ist die Tatsache, dass durch die kollektive Konstruktion selbst die homogen leistungsschwachen Gruppen eine adäquate Lösung entwickeln konnten (Peter-Koop, 2012, S. 123). Entscheidende Ursache könnte das große Vertrauen und die Sympathie zwischen den Kindern seien. Durch diesen „Schonraum" waren die Kinder offener falsche Ideen zu äußern. Die Gruppen wiesen eine ausgesprochen hohe Interaktionsrate auf. Leistungsheterogene Gruppen zeichneten sich eher dadurch aus, dass starke SchülerInnen vorschnell den Lösungsprozess durchliefen, ohne schwächere Kinder zu beteiligen (ebd., 2012, S. 124f.). In Bezug auf den Modellierungsprozess stellte sich heraus, dass dieser nicht einmal durchlaufen wird und dann abgeschlossen ist. Stattdessen wird der Zyklus mehrmals wiederholt (s. Anhang Abb. 2; ebd., 2012, S. 127). Daraus folgerte Peter-Koop (2012), dass der gesamte Bearbeitungsprozess in einem Spannungsfeld zwischen Sache und Mathematik stattfand (S. 126). Eine weitere bedeutungsvolle Beobachtung ist der Fokus auf den Lösungsprozess und den Referenzkontext den die Kinder setzten. Da es unterschiedliche Lösungen gab, gewann das „Wie" an Bedeutung. Die Angaben, die die Kinder auf Grundlage ihres Vorwissens machten und die mathematischen Operationen, in denen diese Eingebettet waren, nahmen eine wichtige Stellung bei der Lösungsbesprechung ein. Ursache war die Verwunderung der Kinder über die unterschiedlichen Lösungen der anderen Gruppen (ebd., 2012, S.128).

3.2.2. Teilkompetenzen des Modellierens (Haberzettl et al., im Druck)[3]

Die o. g. Forschergruppe konzipierte eine Unterrichtssequenz für ein 3. Schuljahr der Grundschule. Ziel der Untersuchung war die Beantwortung der Frage, inwieweit Fermi-Aufgaben dazu beitragen können die Modellierungskompetenzen von Kindern zu erweitern. Zentraler theoretischer Bezugspunkt war der Modellierungskreislauf nach Blum (2006), der unter anderem zur Erhebung verschiedener Modellierungskompetenzen der SuS dient und zu großer Bekanntheit gelang (Voigt, 2011, S.31). Prinzipiell kann jede Teilkompetenz des Modellierungskreislaufs eine kognitive Barriere darstellen (Blum, 2006, S.13):

---

[3] Sofern keine Quellenangaben vorliegen, beziehen sich die Informationen auf die Untersuchung, die in Haberzettl et al. (im Druck) zu finden ist (s. Quellenverzeichnis). Aus Gründen der Übersicht wurde im Folgenden auf mehrmalige Zitatverweise verzichtet.

1	Verstehen
2	Vereinfachen/ Strukturieren
3	Mathematisieren
4	Mathematisch arbeiten
5	Interpretieren
6	Validieren
7	Vermitteln

Abbildung 3: Modellierungsprozess in Anlehnung an Blum (2006, S.9)

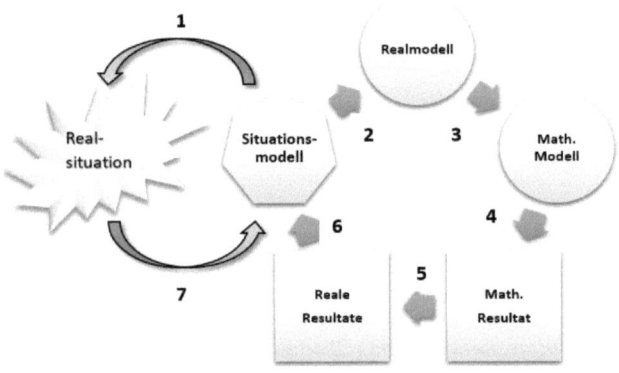

Abbildung 4: Modellierungsprozess in Anlehnung an Blum (2006, S. 9)

Die Unterrichtssequenz wurde in je 8 Doppelstunden eingeteilt, in denen je eine Fermi-Aufgabe bearbeitet wurde. Methodisch orientierte sich die Forschergruppe an der sog. „Ich-Du-Wir-Methode". In der „Ich-Phase" arbeiten die Kinder zunächst weitgehend individuell. Anschließend beraten sich die Kinder in der „Du-Phase" mit ihren jeweiligen Sitznachbarn. Während der „Wir-Phase" findet das Gespräch schließlich am gesamten Gruppentisch statt (Hülse & Neubert, 2015, S. 31ff.). Die Forschergruppe entschied sich für diese Methode, da sie viele Kommunikationsanlässe zulässt. Jede Unterrichtsstunde wurde mit einem Brief der Eule Fermine eingeleitet. Anschließend durchliefen die Kinder die Teilschritte des Modellierungskreislaufs mit Hilfe eines Modellierungsschemas:

Teilschritte der Kinder	Teilkompetenzen des Modellierens
Was will ich herausfinden?	Konstruieren/ Verstehen
Welche Angaben brauche ich zum Lösen?	Vereinfachen/ Strukturieren und Mathematisieren
Ich berechne die Aufgabe	Mathematisieren und Mathematisch arbeiten
Was bedeutet mein Ergebnis?	Interpretieren
Kann meine Lösung stimmen?	Validieren
Ich erkläre meinem Partner, wie ich gerechnet habe und warum.	Darlegen und Erklären
Wir besprechen unser Ergebnis	

Abbildung 5: Modellierungsschema zur Unterstützung für die Kinder (Haberzettl et al., 2016)

Die Kinder konnten im Verlauf der Sequenz zunehmend komplexere Fragen adäquat lösen. Während und nach der Durchführung des Unterrichtsvorhabens stellte die Forschergruppe in fast allen Teilkompetenzen des Modellierens anhand der Schülerlösungen eine Progression fest. Die Kinder waren besser in der Lage die Sachsituation zu *verstehen* und eine mentale Vorstellung zu *konstruieren*. So konnte ein Mädchen in der letzten Einheit Angaben zu der Aufgabe treffen, die ein tiefes Verständnis der Aufgabe und der zu beachtenden Variablen voraussetzt. In den Teilkompetenzen *Vereinfachen* und *Strukturieren* machten die Kinder große Fortschritte. Sie nutzten im Laufe der Unterrichtssequenz zunehmend häufiger Skizzen und konnten schneller Angaben als zu Anfang der Untersuchung nutzen. Die Kinder konnten bereits in der dritten Doppelstunde größtenteils selbstständig einen Lösungsweg entdecken und verstehen. Dies ist ein Indikator dafür, dass die Kinder sich im Bereich des *mathematischen Arbeitens* verbessert haben. Die Notation der Angaben erfolgte ökonomischer und schneller durch die Kinder, wodurch Fortschritte im *Darlegen der Ergebnisse* erkennbar sind. Außerdem konnten sie zunehmend besser den anderen Kindern ihren Lösungsweg so erklären, dass alle die Vorgehensweise verstehen konnten. Der Rückbezug der Lösung auf die Realsituation durch das *Interpretieren* gelang den Kindern grundsätzlich gut. Einzig das kognitiv komplexe Validieren der Lösungen bereitete den Kindern weiter Schwierigkeiten. Positiv stach ein Mädchen hervor, das in der letzten Sequenz eine Skizze als Lösungsüberprüfung anfertigte.

3.3. Allgemein-mathematische und nicht-leistungsbezogene Kompetenzen

Kaufmann (2006) stellt fest, dass alle allgemeinen mathematischen Kompetenzen durch Fermi-Probleme angesprochen werden können (S. 16). Dazu zählen neben dem bereits besprochenen *Modellieren* das *Problemlösen, Argumentieren, Kommunizieren* und *Darstellen*. Sie nennt Merkmale der Fermi-Aufgaben, die o. g. Kompetenzen ansprechen (ebd.,2006, S. 16):

- Da der Lösungsweg offen ist, müssen die Kinder Strategien und einen Arbeitsplan entwickeln, um das Problem mathematisch zu lösen (*Problemlösen*).

- Die Kinder müssen ggf. Daten erheben, Informationen recherchieren oder durch Messen Größenangaben ermitteln (*Argumentieren* u. *Problemlösen*).

- Während des Problemlöseprozesses greifen die Kinder auf ihr Repertoire an allgemeinen und inhaltlichen mathematischen Fähigkeiten zurück (u.a. *Darstellen*).

- In der Regel werden die Aufgaben in Kleingruppen bearbeitet. Die Kinder müssen dafür Sorge tragen ihren Lösungsweg für andere Kinder verständlich und nicht anfechtbar darzulegen. Zudem müssen sie ihre Ergebnisse nachvollziehbar präsentieren und argumentativ erläutern (*Kommunizieren, Argumentieren, Darstellen*).

Nach Kaufmann (2006) eignen sich Fermi-Aufgaben zudem für den Erwerb nicht-leitungsbezogener Kompetenzen. Hierzu gehört das Finden eigener Fermi-Probleme, die die Möglichkeit eröffnen die Motivation der Kinder zu steigern, um die Kluft zwischen der Lebenswelt und der Mathematik zu verringern (S. 19). In der Unterrichtskonzeption von Haberzettl et al. (im Druck) konnte diese Methode Begeisterung bei den Kindern auslösen. Darüber hinaus bieten sich Fermi-Aufgaben zur differenzierten Reflektion des eigenen Lösungsweges an (Kaufmann, 2006, S. 19).

Büchter, Herget, Leuders & Müller (2007) sehen die Chance, dass die Kinder Selbstständigkeit durch das Bearbeiten von Fermi-Probleme erlernen. Sie lernen eigene Entscheidungen zu treffen und sich mit Barrieren im Modellbildungsprozess auseinanderzusetzen.

Jeder Aufgabentyp besitzt spezifische Stärken und Schwächen. Um zu einer fundierten Einschätzung des Einsatzes von Fermi-Aufgaben in der Grundschule zu gelangen, ist es daher nötig mögliche Schwächen zu untersuchen.

4. Grenzen von Fermi-Aufgaben

Haberzettl et al. (im Druck) konnten beweisen, dass Fermi-Aufgaben aufgrund ihrer hohen Komplexität für die meisten Kinder eine kognitiv hohe Barriere darstellen. Es wird je nach Fragestellung ein umfangreiches Vorwissen von den Kindern verlangt. Sie können daher oft keine oder nur sehr ungenaue numerische Angaben machen. Des Weiteren können Kinder in der Grundschule häufig nicht die richtigen Zahlen für die Rechnung auswählen und in eine korrekte Rechenoperation einbetten. Oftmals bereitet ihnen auch das Hineinversetzen in einen anderen Lösungsweg Schwierigkeiten (Haberzettl et al., im Druck). Allerdings stellt sich die Frage, ob die genannten Probleme auf die Fermi-Aufgaben zurückgehen oder nicht Symptome eines Mathematikunterrichts sind, der zu wenig realitätsnahe Modellbildungsprozesse bei den Kindern anstößt und zu wenig den Lösungsweg beachtet. Daher sollten die genannten Schwierigkeiten nicht als Hindernis, sondern als Gelegenheit, um Wissens- und Kompetenzlücken zu schließen, verstanden werden. Es wäre denkbar, dass bei fortlaufendem Einsatz der Fermi-Aufgaben die kognitiven Schwierigkeiten abnehmen.

Weitere Schwierigkeiten könnten unterrichtsorganisatorische Aspekte darstellen. Aufgrund der vielen Prozessschritte nimmt die Bearbeitung mindestens eine Doppelstunde in Anspruch. Die heterogenen Lernausgangsvoraussetzungen, in den Bereichen der mathematischen und prozessbezogenen Kompetenzen sowie dem Vorwissen, könnten zu weit auseinanderdriftenden Lösungsgeschwindigkeiten führen. Eine weitere Schwierigkeit könnte das Beschaffen der notwendigen numerischen Informationen seien, die in manchen Fällen den Kindern nicht zugänglich sind.

Fermi-Aufgaben setzen im Bereich der Differenzierung keine engen Grenzen. Gruppenarbeiten mit leistungshomogenen Kindern stellen eine sinnvolle Maßnahme dar, um die Interaktion zwischen den Kindern zu fördern und Leistungsdruck abzubauen (Peter-Koop, 2012, S. 124). Für leistungsschwächere Kinder könnte zudem die Möglichkeit bestehen numerische Angaben von der Lehrkraft zu bekommen. Eine weitere Option ist das Stellen unterschiedlich schwerer Fermi-Aufgaben, die je nach Schwierigkeit mehr oder weniger Angaben oder Rechenoperationen benötigen.

Im folgenden Kapitel sollen die Ergebnisse aus Kapitel 3. & 4. zusammengefasst und diskutiert werden, um zu einer fundierten Antwort auf die in der Einleitung genannten Fragestellung zu gelangen.

5. Diskussion der Ergebnisse

In der Fachliteratur werden einige Argumente für den Einsatz der Fermi-Probleme genannt (Kap. 3.). Es können fast alle in der Grundschule relevanten mathematischen Inhaltsbereiche abgedeckt werden (Kap. 3.1.). Somit handelt es sich um eine vielseitige Aufgabenform, die mit vielen mathematischen Inhalten kombiniert werden kann. Sie eignen sich ferner hervorragend für den Erwerb von Modellierungskompetenzen (Kap. 3.2.2.). Sie erzielen gute Ergebnisse in Klassen mit großer Heterogenität, wodurch sie vor allem in Hinblick auf aktuelle didaktische Hürden interessant sind. (Kap. 3.2.1.). Außerdem können alle in den Bildungsstandards geforderten allgemein-mathematischen Kompetenzen gefördert werden (Kap. 3.3.). Zwischen nichtleistungsbezogenen Kompetenzen in den Bereichen der Motivation und Selbstständigkeit und dem Einsatz von Fermi-Aufgaben wird in der Fachliteratur ebf. ein positiver Zusammenhang gesehen (Kap. 3.3.).

Die durch Fermi-Aufgaben erwerbbaren Kompetenzen wurden jedoch zum Teil auf Grundlage von Einzelbeobachtungen erfasst. In der Fachliteratur gibt es zu diesem Themenbereich ein Forschungsdesiderat, das eine vorbehaltlose Empfehlung nicht zulässt. Es fehlen Studien, die empirisch beweisen, dass ein Mathematikunterricht, der Fermi-Aufgaben integriert, besser ist als ein Unterricht mit konventionellen Aufgaben des Sachrechnens. Hierzu müsste der Output anhand von Prä- und Posttestung genauer untersucht werden. Einzig der Erwerb der Modellierungskompetenzen ist von der Forschung bisher näher untersucht worden. Darüber hinaus fehlen empirische Ergebnisse zu dem Einfluss nicht-leistungsbezogener Kompetenzen. Vor diesem Kontext wäre die Beantwortung der Frage, in welchem Ausmaß Fermi-Aufgaben die Motivation im Fach Mathematik langfristig beeinflussen, interessant.

Trotz alledem kann die Frage, inwieweit Fermi-Aufgaben eine sinnvolle Ergänzung für das Sachrechnen im Mathematikunterricht sind, unter Vorbehalt, bejaht werden. Zwar gibt es unterrichtsorganisatorische Hürden (Kap. 4), aber die Schilderungen in der Fachliteratur weisen einstimmig daraufhin, dass sie den Mathematikunterricht bereichern können. Vor diesem Hintergrund und der empirischen Beweislücke auf der anderen Seite, muss jede Lehrkraft in Hinblick auf die Komplexität dieses Aufgabentyps selbst entscheiden, inwiefern Fermi-Aufgaben im jeweiligen Klassenverband eingesetzt werden können und erkennen ob sie den Mathematikunterricht verbessern.

Aufgrund der hohen Komplexität und den Grundfertigkeiten der Mathematik, die beherrscht werden müssen (Kap. 4.), eignen sich die Aufgaben vorzugsweise wohl erst ab Klasse 3. Auch dann muss eine starke inhaltliche Strukturierung der Lehrkraft stattfinden, um die Komplexität soweit zu verringern, dass die Kinder in der Lage sind weitgehend selbstständig die Aufgaben bearbeiten zu können. Somit steht die Lehrkraft vor der großen Herausforderung die Kinder kognitiv zu entlasten und zu differenzieren. Gelingt der Lehrkraft diese Aufgabe und ist sie geduldig genug den Kindern eine Routine im Umgang mit den Aufgaben zu gewährleisten, können sie das Bild der Mathematik erweitern sowie bestimmte modellierungs-, allgemeinmathematische und inhaltliche Kompetenzen fördern.

Im weiteren Verlauf sollen Möglichkeiten, um Barrieren bei der Umsetzung zu überwinden, vorgestellt werden.

5.1. Überwindung von Umsetzungshürden

Um den kognitiven Anspruch für die Kinder zu verringern, könnte eine stufenweise Annäherung an die Fermi-Aufgaben denkbar seien (Büchter et al., 2007). Die Lehrkraft könnte zunächst die Kinder an Schätzaufgaben heranführen. Parallel dazu stellt sie Sachaufgaben, in denen zunehmend weniger Angaben vorhanden sind. Hinrichs (2008) schlägt außerdem vor, dass die Lehrkraft prototypisch eine Fermi-Aufgabe zusammen mit den Kindern bearbeitet (S. 150). Möglich ist ferner der Einsatz des Modellierungsschemas nach Haberzettl et al. (im Druck).

Mit diesem Instrument kann nicht nur der Modellierungsprozess der Kinder unterstützt werden, sondern es kann den Kindern als Zeitvorgabe dienen. So könnte eine Uhr in die Klassenmitte gestellt werden und den Kindern visualisiert werden, wann sie wo zu einem bestimmten Zeitpunkt sein müssen. Eine weitere unterrichtspraktische Barriere könnten die nötigen numerischen Informationen seien, die die Kinder benötigen, aber nicht herausfinden können, da sie nicht zugänglich sind. In diesem Kontext ist es die Aufgabe der Lehrkraft zu antizipieren, welche Angaben benötigt werden, um ggf. passende Hilfestellungen den Kindern bereitzustellen zu können.

Die vorliegenden Ergebnisse bestätigen die Beurteilung im vorherigen Kapitel, dass ein Einsatz der Fermi-Aufgaben im Mathematikunterricht des Primarbereichs sinnvoll ist. Hierzu bedarf es jedoch einer kognitiven Anbahnung durch die Lehrkraft sowie einer guten Vorbereitung, die unterrichtsorganisatorische und Möglichkeiten Differenzierung und Strukturierung miteinschließt. Im letzten Kapitel sollen nun die Ergebnisse der Hausarbeit zusammengefasst werden.

6. Fazit

Im mathematikdidaktischen Diskurs erfahren die Fermi-Aufgaben eine zunehmende Präsenz. Die Ursache sind didaktische Mängel konventioneller Aufgabenformen des Sachrechnens im Mathematikunterricht. Vor diesem Kontext wurde die Fragestellung formuliert, inwieweit Fermi-Aufgaben eine sinnvolle Ergänzung für den Mathematikunterricht der Grundschule darstellen.

Ein zentrales Ergebnis dieser Untersuchung ist, dass anhand von Fermi-Aufgaben fast alle inhaltlichen und allgemein-mathematischen Kompetenzen der Bildungsstandards angesprochen werden können. Ferner können annähernd alle Modellierungskompetenzen der Kinder gefördert werden. Zudem eignen sie sich für das soziale Lernen und bieten viele Differenzierungsmöglichkeiten. Auch im Bereich der nichtleistungsbezogenen Kompetenzen können die Kinder in einem Umfang gefördert werden wie es bei konventionellen Sachaufgaben womöglich nur schwer möglich ist. Auf Grundlage der genannten Ergebnisse wurde der Einsatz der Fermi-Aufgaben im Mathematikunterricht der Grundschule befürwortet.

Das Ergebnis dieser Hausarbeit kann jedoch nicht ohne Einschränkungen bleiben. Es fehlen breit angelegte Studien. Außerdem gibt es weder Studien zu dem langfristigen Effekt dieses Aufgabentyps noch Vergleichsuntersuchungen zu konventionellen Aufgabenformen des Sachrechnens im Mathematikunterricht. Zudem gibt es Grenzen im Unterricht, die den Einsatz dieses Aufgabentyps limitieren könnten. So gibt es sowohl unterrichtsorganisatorische Hemmnisse als auch kognitive Barrieren bei den Kindern. Vor diesem Hintergrund darf eine Lehrkraft Fermi-Aufgaben nicht blind einsetzen, sondern der Einsatz muss von der Lehrkraft je nach Lerngruppe abgewogen werden. Außerdem bedürfen sie einer ausreichenden Vorbereitung durch die Lehrkraft, um die Kinder beim Lösungsprozess zu unterstützen und den Aufgabentyp kognitiv anzubahnen.

Anhang

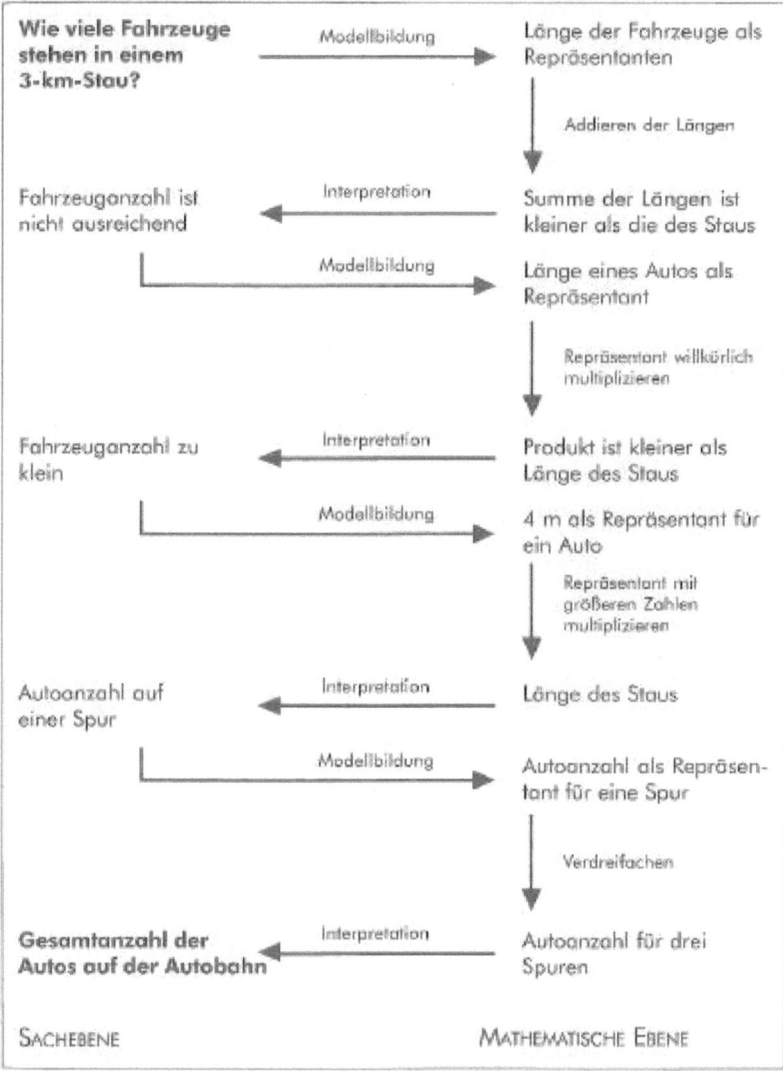

Abbildung 2: Modellierungsbeispiel einer Gruppe der Untersuchung (Peter-Koop, 2012)

Quellenverzeichnis

Blum, W. (2006). Modellierungsaufgaben im Mathematikunterricht – Herausforderung für Schüler und Lehrer. In A. Büchter (Eds.), *Realitätsnaher Mathematikunterricht* (pp. 8-23). Hildesheim: Franzbecker

fachportal-paedagogik.de. (2017, August 11). *Ergebnis der Suche „Fermi-Frage".* Abgerufen von http://www.fachportal-paedago-gik.de/metasuche/fpp_list.html?feldname1=Freitext&feldinhalt1=FermiFrage&se nden=Suchen&bool1=and&feldname1=Freitext&mtz=20&ckd=yes&art=einfach &searchall=1&alleTermine=n&ur_wert_met=Fermi

Franke, M. (2003). *Didaktik des Sachrechnen in der Grundschule.* Heidelberg: Spektrum, Akad. Verl.

Franke, M. & Ruwisch, S. (2010). *Didaktik des Sachrechnens in der Grundschule.* Heidelberg: Spektrum, Akad. Verl.

Haberzettl, Klett & Schukajlow (im Druck). Mathematik rund um die Schule – Modellieren mit Fermi-Aufgaben in der Grundschule. In K. Eilerts & K. Skutella (Eds.), *Neue Materialien für einen realitätsbezogenen Mathematikunterricht (Band 4)*

Hinrichs, G. (2008). *Modellierung im Mathematikunterricht.* Heidelberg: Spektrum, Akad. Verl.

Hülse, J. & Neubert, B. (2015). Putzt du in der Woche mehr als eine Stunde lang deine Zähne? Förderung des Kommunizierens mit Fermi-Aufgaben. *Grundschulunterricht Mathematik, 2,* 29-32

Kaufmann, S. (2006). Umgang mit unvollständigen Aufgaben. *Die Grundschulzeitschrift, 191,* 16-19

Kultusministerkonferenz (2004). *Beschlüsse der Kultusministerkonferenz. Bildungsstandards im Fach Mathematik für den Primarbereich (Jahrgangsstufe 4)*

Maaß, K. (2009). *Mathematikunterricht weiterentwickeln.* Berlin: Cornelsen

Maaß, K. (2011). Mathematisches Modellieren in der Grundschule. In *Sinus an Grundschulen. Handreichung des Programms SINUS an Grundschulen* (pp. 3-20)

Peter-Koop, A. (2012). „Wie viele Autos stehen in einem 3-km-Stau?" - Modellbildungsprozesse beim Bearbeiten von Fermi-Problemen in Kleingruppen. In S.

Ruwisch (Eds.), *Gute Aufgaben im Mathematikunterricht der Grundschule* (pp. 111-130). Offenburg: Mildenberger

Rude, A. (1911). *Methodik des gesamten Volksschulunterrichts.* Leipzig: Zickefeldt

Schütte, S. (1994). *Mathematiklernen in Sinnzusammenhängen. Probleme und Perspektiven der Grundschulmathematik heute.* Stuttgart [u.a.]: Klett-Schulbuchverl.

Strehl, R. (1979). *Grundprobleme des Sachrechnens.* Freiburg [u.a.]: Herder

Trognon, A. (1993). How does the process of interaction work, when two interlocutors try to resolve a logical problem? *Cognition and Instruction, 11,* 325-345

Winter, H. (1994). Modelle als Konstrukte zwischen lebensweltlichen Situationen und arithmetischen Begriffen. *Grundschule, 26,* 10-13

Abbildungsverzeichnis

Abbildung 1: Vereinfachtes Schema des mathematischen Modellierens in Anlehnung an Winter (s. Peter-Koop, 2012, S. 112)... 4

Abbildung 2: Modellierungsbeispiel einer Gruppe der Untersuchung (s. Peter-Koop, 2012, S. 127)... 13

Abbildung 3: Modellierungsprozess in Anlehnung an Blum (s. Blum, 2006, S. 9) 6

Abbildung 4: Modellierungsprozess in Anlehnung an Blum (s. Blum, 2006, S.9) 6

Abbildung 5: Modellierungsschema zur Unterstützung für die Kinder (s. Haberzettl et al., 2016, S. 6) 7